本书受上海市教育委员会、上海科普教育发展基金会资助出版

洋流异闻录

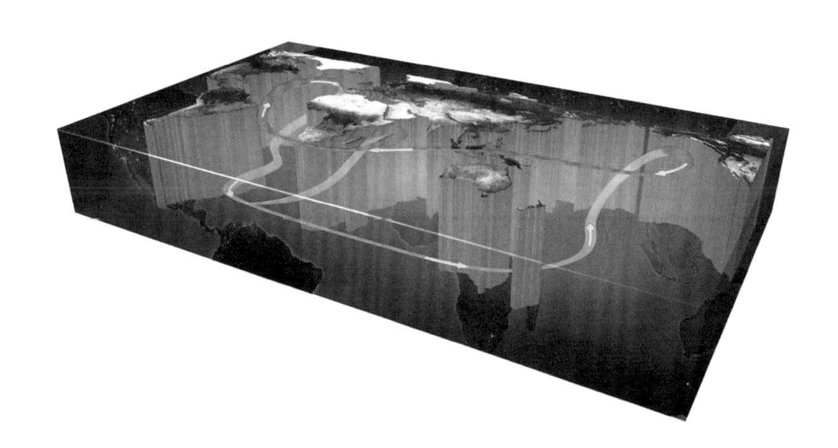

图书在版编目(CIP)数据
洋流异闻录 / 顾洁燕主编. – 上海: 上海
教育出版社, 2016.12
（自然趣玩屋）
ISBN 978-7-5444-7334-7

Ⅰ. ①洋… Ⅱ. ①顾… Ⅲ. ①海流 – 青少年读物
Ⅳ. ①P731.21-49

中国版本图书馆CIP数据核字(2016)第287977号

责任编辑 芮东莉
黄修远
美术编辑 肖祥德

洋流异闻录
顾洁燕 主编

出 版 上海世纪出版股份有限公司
上 海 教 育 出 版 社
易文网 www.ewen.co
地 址 上海永福路123号
邮 编 200031
发 行 上海世纪出版股份有限公司发行中心
印 刷 苏州美柯乐制版印务有限责任公司
开 本 787 × 1092 1/16 印张 1
版 次 2016年12月第1版
印 次 2016年12月第1次印刷
书 号 ISBN 978-7-5444-7334-7/G·6043
定 价 15.00元

目录

C O N T E N T S

澡盆鸭的奇幻漂流

1992年，一艘货轮在太平洋遭遇了强风暴，3万只澡盆鸭从破损的集装箱中漏出，开始了它们的“奇幻漂流”。猜猜它们去了哪里？太平洋、大西洋，甚至万里之外的北冰洋，都出现过它们的身影。15年后，英国海岸上的人们惊奇地发现，1万多只澡盆鸭正争先恐后地登陆。是什么力量控制着这些小鸭子的旅行？它就是海洋中你无法触摸，但又无处不在的“幽灵”——洋流。

大海灵异故事会

你觉得在大海上航行，旅途中的高潮是什么？
游泳？不是。垂钓？也不是。
航海的高潮就是一群人半夜凑在一起讲灵异故事。
黑暗的大海翻滚着多少神秘未知的故事，
而今天的灵异故事会有点特别，它们都是真实发生的事件。

怪异的航程

● 故事发生在500多年前。欧洲有一位著名航海家叫哥伦布，他是第一个发现美洲的欧洲人。奇怪的是，当年他走过两条不同的路线去美洲（图中蓝色和红色），距离较短的蓝色路线用了37天，而距离较长的红色路线居然只用了22天。当时欧洲的人们都觉得不可思议。

◀ 哥伦布

▶ 哥伦布两条航线

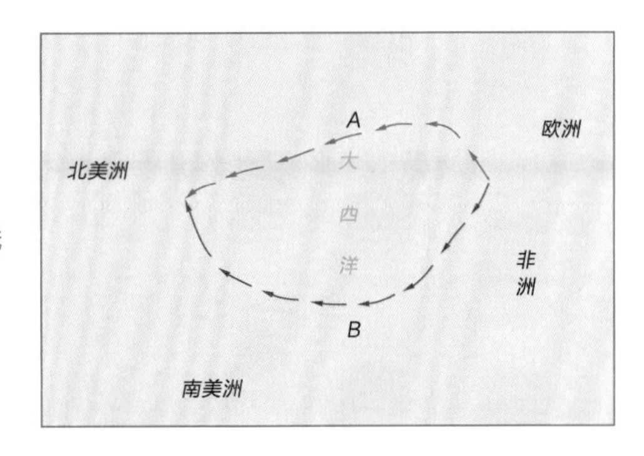

想一想

想象一下海洋中看似无序，实则暗藏玄机的洋流，你明白是怎么回事了吗？给右图中的洋流标出方向吧！

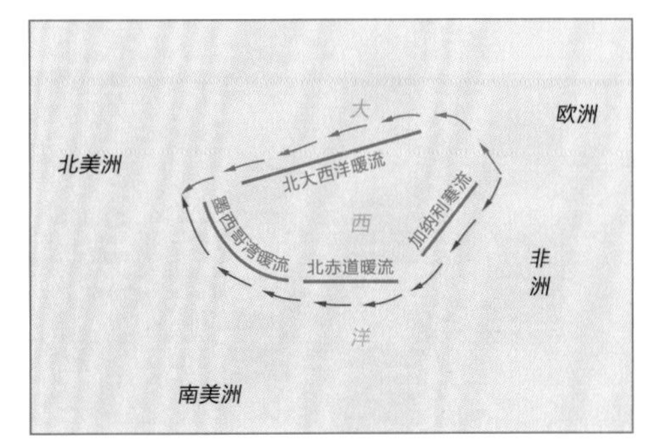

幽灵潜艇

● 故事发生在战火纷飞的二战期间，世界正笼罩在法西斯的阴影之下。英法联军为了对抗德军的潜艇，在大西洋通往地中海的要道——直布罗陀海峡周围布满了探测器，计划只要一听到德军潜艇的马达震动，便用深水炸弹将它炸毁。但诡异的是，德军居然能够神不知鬼不觉地进出地中海，偷袭了英法联军的海军好几次。

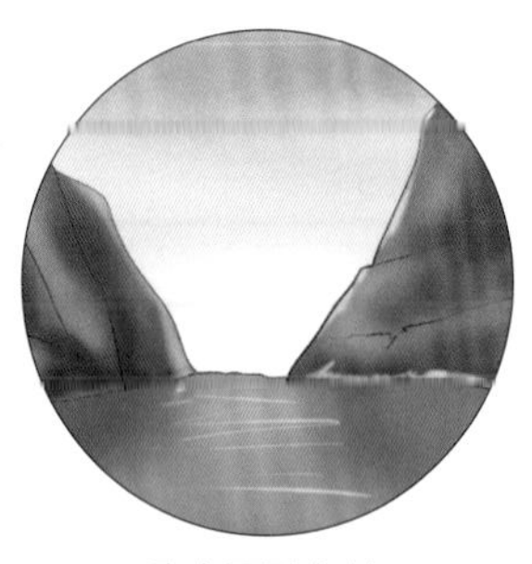
直布罗陀海峡

● 德军“幽灵潜艇”的秘密究竟是什么？答案就在你的厨房里！当你把加了盐的汤放在炉子上加热，随着水的蒸发，汤就会变得越来越咸。地中海就是这样一锅被四周大陆包围的“汤”，那里海水盐度是大西洋海水盐度的113%。直布罗陀海峡恰好处于地中海和大西洋的交汇处，含盐高的地中海海水下沉，较淡的大西洋海水上浮，正好形成了海流分层的格局。

● 德军潜艇就是利用洋流的规律，经过直布罗陀海峡时，关闭所有的机器，调节下潜深度，顺着洋流前行，在英法联军眼皮底下来去自如。

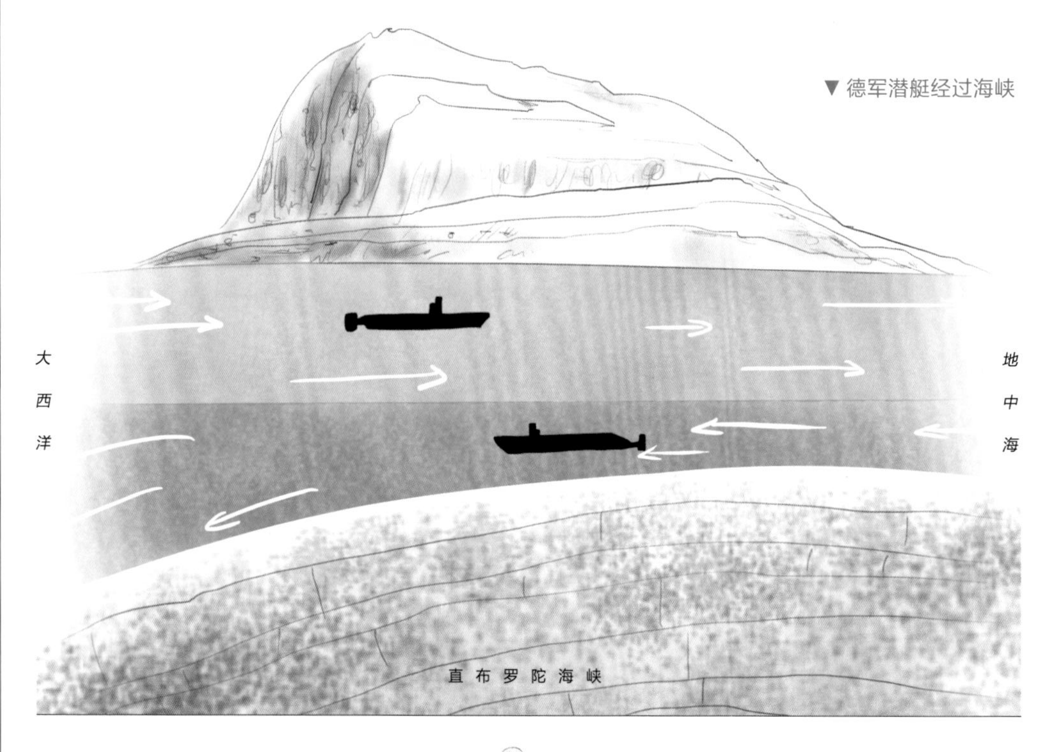

▼ 德军潜艇经过海峡

暗中生长的“第八大陆”

● 除了我们熟知的七大陆，在太平洋最人迹罕至的地方，一个“新大陆”在悄然生长。这片“大陆”如同幽灵般居无定所，四处飘荡，但它扩张速度惊人，截止2015年初已经超过1/3欧洲大陆的面积。让我们赶快去一探究竟吧！

● 这个“新大陆”完全是由塑料垃圾堆积起来的，全称为“北太平洋垃圾漩涡”。在北太平洋地区，洋流在盛行风吹拂下，形成了一个可让塑料垃圾飞旋并且永不停歇的强大漩涡。中国的废牙刷、美国的旧球鞋、日本的破渔网等塑料垃圾随海流到达太平洋后，被这个漩涡卷入进去，长年累月不断聚集。

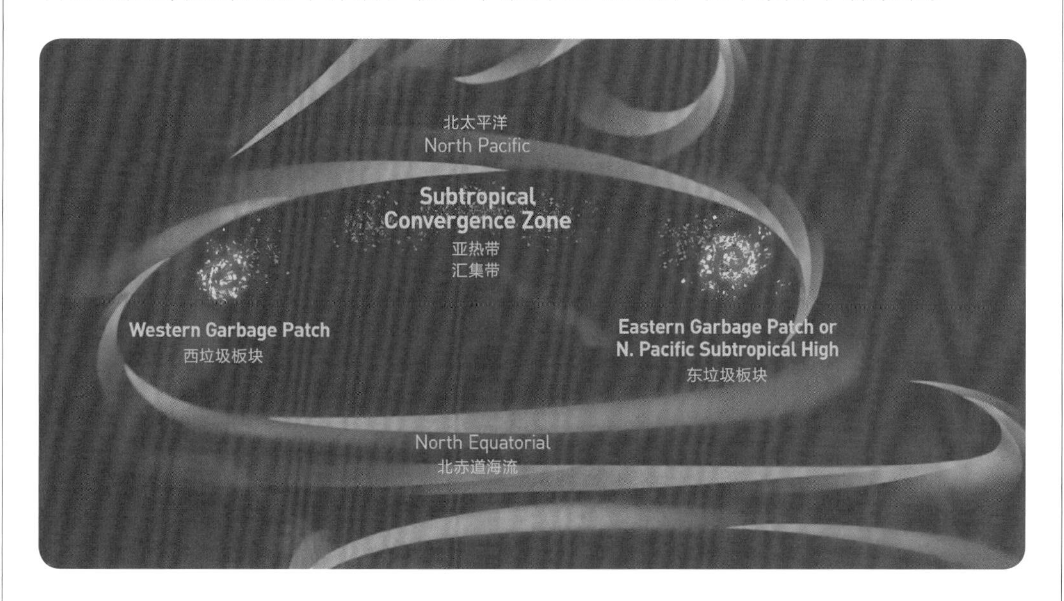

● 警报！警报！塑料垃圾中一种难以降解的毒素正在随着食物链富集。请将下列海洋生物与毒素富集金字塔的层级进行连线，找出谁是最大的受害者。

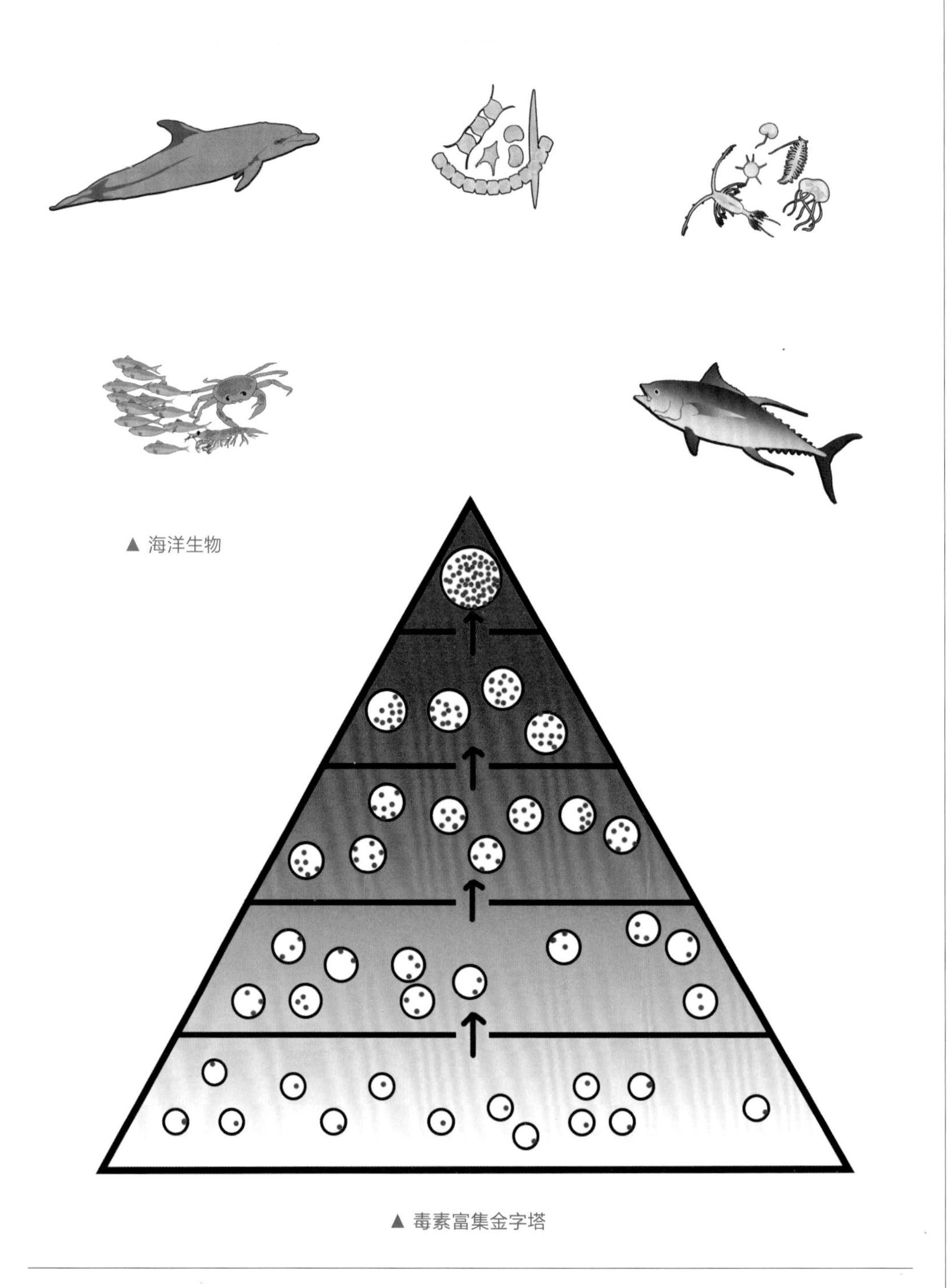

▲ 海洋生物

▲ 毒素富集金字塔

新仙女木降临

● 仙女木是何方神圣？它代表美丽的花朵，亦代表恐怖的冰河时期。

▲ 仙女木花朵

● 仙女木是一种只生长于高寒地区的植物，如果地层中存在仙女木遗骸，就暗示着这里曾经被冰雪覆盖。新仙女木事件指的是在12600年前的地层中发现了大规模的仙女木遗骸，这表示地球在当时发生了一次持续时间非常长的全球冰期。

▲ 冰川照片

● 为什么12600年前气温会骤降呢？科学家能找到的最有可能的解释是洋流变化。原来，除了海洋表面的洋流，深海中还有一种缓慢但是巨大的洋流——温盐环流。正常情况下，温盐环流持续不断地将热量从赤道运输到极地，调节着全球的气候。但是，地球历史上温盐环流曾一度停止，使得热量不能顺利传递，于是引发了新仙女木事件降临。

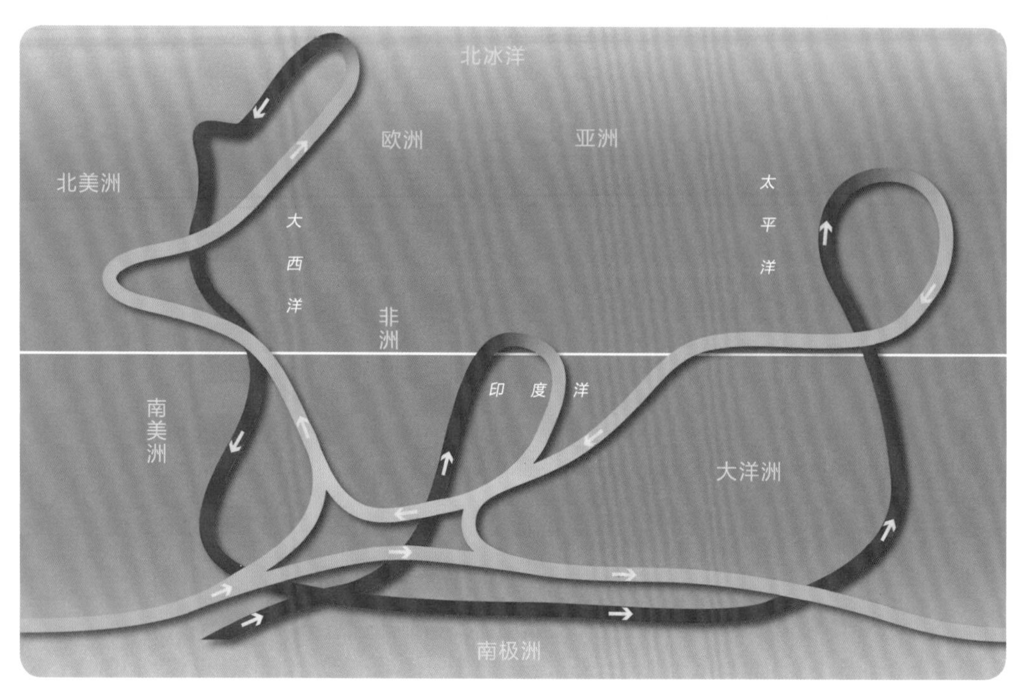

▲ 温盐环流

脑洞大开

如果现在地球突然进入冰期，下面哪些生物或生态系统可能会受到影响？

人、北极熊、马来熊、蟑螂、珊瑚礁生物、非洲狮、考拉、热带雨林树木、针叶林树木

受害：______

受益：______

不受影响：______

洋流的奇妙馈赠

洋流不仅仅做着海水的简单搬运，它还有着令人惊异的馈赠，“踩着鳕鱼群的脊背就可上岸”就是航海家对洋流的赞叹。准备好擦口水的纸巾，一起来围观吧！

洋流与四大渔场

● 你喜欢海鲜吗？喜欢的话，你怎能不知道世界四大渔场？请查阅相关地图，看看它们的分布位置，找出它们的共同点吧！

● 世界四大渔场：日本的北海道渔场是千岛寒流与日本暖流相汇相成的，英国的北海渔场由北大西洋暖流与北冰洋南下冰冷海水交汇形成，加拿大的纽芬兰渔场是墨西哥湾暖流与拉布拉多寒流相汇而成的，秘鲁的秘鲁渔场是由秘鲁寒流的上升流形成的。

● 原来，四大渔场都是依托洋流而产生的。我们先看北半球，北半球的三个渔场都是由寒暖洋流交汇形成的。寒暖流交汇使得水温中和，适合鱼类的生长。另外寒暖流交汇使得海水搅动，海底营养盐类上泛，浮游生物大量繁殖，这样一来，就为鱼类提供了丰富的食物。南半球的秘鲁渔场则是依靠上升的秘鲁寒流形成的，上升的洋流把海底的营养盐带到大洋表层，同样也使得鱼类大量富集。

舌尖上的洋流

● 既然来到了世界四大渔场，可不能放过它们的代表性海鱼！煎炸烹煮，口味奇异，一定让你食欲大开！

渔场名	代表性海鱼	特征
纽芬兰渔场	大西洋鳕鱼	中等体型 36cm
北海渔场	鲱鱼	中等体型 20cm
北海道渔场	秋鲑鱼	体型最大 0.5~1.0m
秘鲁渔场	鳀鱼	体型小 10~15cm

▲ 四大渔场的代表性海鱼

加拿大的纽芬兰渔场

大西洋鳕（xuě）鱼

特征： 一种肉嫩刺少的杂食性冷水鱼类，体型中等，是世界上捕捞量最大的经济鱼类之一。

菜肴： 芝士土豆炸鳕鱼排

评价： 浓郁的芝士配上外脆里嫩的鳕鱼排，营养丰富，地道的西式家常菜。

北欧的北海渔场

大西洋鲱（fēi）鱼

特征： 一种体型较小，富含脂肪的冷水性中上层鱼，受到光照调剂，鱼群可以进入各种深浅水层中觅食。

菜肴： 洋葱生腌鲱鱼

评价： 生鲱鱼配生洋葱，入口鱼腥葱辣，热泪直流，来自荷兰的黑暗料理。

日本的北海道渔场

日本秋鲑（guī）

特征： 一种分布于太平洋的大马哈鱼，有淡水中洄游产卵习性，“秋”源于在秋天产卵季前捕获的鲑鱼最为肥美。

菜肴： 鲑鱼亲子丼（jǐng，盖浇饭）

评价： 晶莹剔透的咸鲜鲑鱼籽和炖得喷香的鲑鱼肉，配上松软米饭，视觉和味觉都极佳。

秘鲁渔场

秘鲁鳀（tí）鱼

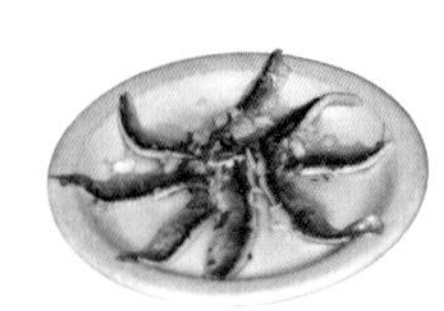

特征： 体型很小但产量巨大，每年秘鲁捕鱼量可达1000多万吨，其中98%就是鳀鱼，它是南太平洋温带的最重要经济鱼类。

菜肴： 柠檬酥炸鳀鱼

评价： 小而酥脆的鳀鱼配上酸甜柠檬汁，一口一个，小吃中的战斗机。

自然探索坊

挑战指数： ★★★★☆
探索主题： 洋流的成因
你要具备： 动手能力
新技能获得： 解决问题的能力、创造力

大海中的洋流神秘莫测，但有一个方法能够教你读懂洋流，这就是把洋流装进鱼缸。到底怎么回事？赶快找来材料动手做一做吧！

掌中的迷你海洋

● 你的首要任务就是建造一个仿真的掌中海洋。真实海洋中的水并不是均匀的，在海洋表面因为阳光照射和风搅动，产生了一层温暖的海水。在这个较薄的水层下方，是深不见底的冰冷水层。

实验步骤：

1. 准备一只透明的敞口鱼缸（容量约1升）。
2. 将清水注满鱼缸的1/2。
3. 加入透明食用油至鱼缸2/3处。
4. 可以随喜好在鱼缸下方装入白沙和贝壳作为装饰。

考考你

如果海面上正在刮四级飓风的话，海水表层会变厚还是变薄？

风洋流

● 都说无风不起浪，那么风是洋流运动的原因吗？做个实验了解一下吧！

实验步骤：

1. 在前面注入了清水和油的鱼缸中加入一勺漂浮的亮箔片（或用其他悬浮物代替），搅拌均匀。
2. 用吸管在液体表面吹气，观察亮箔片的运动方向，推测水流的方向。
3. 用木棒将液体沿顺时针方向搅拌，并用吸管向逆时针方向吹气，看看水流是如何运动的。

我观察到了____

考考你

在真实的海洋里，风洋流能够影响海底的潜艇吗？

温度洋流

● 我们知道4℃的水密度最大，4℃以上和4℃以下的水密度都逐渐减小。温度会是洋流运动的原因吗？来做个实验了解一下吧！

实验步骤：

1. 准备两个一次性纸杯，在其中一个杯子中加入热水，另一个杯子中加入冷水。
2. 在热水中滴入五滴红墨水，在冷水中滴入五滴蓝墨水。
3. 吸取一吸管的热水，插入上述注有水和油的鱼缸的1/2处释放，观察热水运动的方向。
4. 吸取一吸管的冰水，插入上述注有水和油的鱼缸的1/2处释放，观察冷水运动的方向。

我观察到了________________

____

____

考考你

赤道附近的热海水是怎么到达南北极的？

盐分洋流

● 我们知道盐度大的水密度大，盐度低的水密度小。盐分会是洋流运动的原因吗？再做个实验了解一下吧！

实验步骤：

1. 准备一只玻璃杯，将一个鸡蛋放入杯中，加水后发现鸡蛋沉在水底。
2. 不断向杯中加入盐，并搅拌，使得杯中的鸡蛋逐渐上浮。
3. 拿出鸡蛋，在盐水中滴入十滴蓝墨水，搅拌均匀。
4. 将蓝色盐水沿着上述有水和油的鱼缸的边缘缓缓倒入。

我观察到了________________

____

在上方的水层是盐水还是淡水？

____

考考你

为什么不断地往水中加盐后鸡蛋能够浮起来呢？

奇思妙想屋

● 你有过去大海上自由漂泊的冲动吗？或许现在我们还被困在陆地上，但我们可以用废旧灯泡做一个漂流瓶，在瓶中写上给未知世界的话语，追逐着洋流的踪迹去自由漂泊。

材料准备：

☐ 废旧的灯泡 ☐ 钳子
☐ 螺丝刀 ☐ 防水胶带
☐ 手套

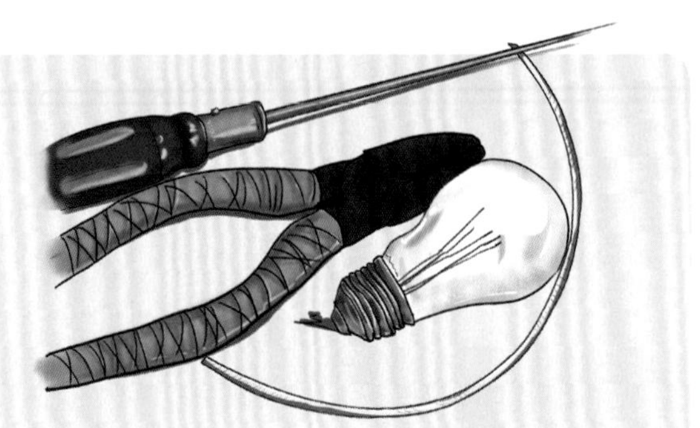

制作步骤：

❶ 用钳子将灯泡底部的塑料部分拆下，用螺丝刀将灯芯捣碎，小心地倒干净。请带上手套操作此步骤，以免划伤。

❷ 取一张小纸条，上面写上话语，将它装入灯泡中。你也可以放一张存满照片的SD卡进去，如果你愿意的话。

❸ 用防水胶带将灯泡底部封死，漂流瓶就做好了。你可以在去海边的时候，将灯泡漂流瓶投入海中。